Die Art der Abfindung
bei der
Ablösung von Forstservituten.

Der Einfluß des Staates auf die Privatwaldwirthschaft.

Ein Beitrag zur Lösung dieser Fragen

von

Ludwig Heiß,
Königl. bayer. Forstmeister zu Winnweiler.

Berlin 1878.

Verlag von Julius Springer,
Monbijouplatz 3.

ISBN-13:978-3-642-93990-7 e-ISBN-13:978-3-642-94390-4
DOI: 10.1007/978-3-642-94390-4

Einleitung.

Zwei Fragen sind es, die die Versammlung deutscher Forst=
männer zu Dresden im Jahre 1878 vorzüglich beschäftigen
werden, und zwar:

I. **Nach welchen Grundsätzen ist die Abfindung bei der
Ablösung von Forstservituten zu bemessen, und:**

II. **Wie weit soll sich der Einfluß des Staates auf die
Bewirthschaftung der Privatwaldungen erstrecken?**

Beide Fragen sind gleich hochwichtig, denn bei der ersten
handelt es sich darum, den rechten Weg zu finden, die Forstser=
vituten endlich aus unsern Waldungen ganz zu entfernen, und
gleichzeitig die Berechtigten durch die Art der Abfindung mög=
lichst zufrieden zu stellen. Es handelt sich darum, den größten
Theil unserer Waldungen vor einem Zustande zu retten, in
welchem sie weder den höchstmöglichen Ertrag liefern können,
noch auch ihre hochwichtige Aufgabe in Beziehung auf klimatische
Einwirkung, Erhaltung der Quellen ꝛc. ganz und voll zu erfüllen
im Stande sind, da dies nur vollbestockte Waldungen mit nor=
malen Wuchsverhältnissen können.

Die zweite Frage beschäftigt sich mit der Lösung einer Auf=
gabe, welche im allgemeinen Landeskulturinteresse liegt, wenn
man die Ausdehnung und den Zustand der Privatwaldungen
in Deutschland in Betracht zieht. Je weniger die bestehende
Gesetzgebung der Staatsgewalt Mittel in die Hand gibt, in die

Privatwaldwirthschaft einzugreifen, desto mehr muß der Staat danach streben, auf anderem Wege Einfluß auf die Bewirthschaftung der Privatwaldungen zu gewinnen. —

Da über das erste Thema bei der **Forstversammlung in Bamberg** im Jahre 1877 nur 4 Redner gesprochen haben, und von diesen sogar noch 3 im Verlaufe ihres Vortrages erklärt haben, daß sie sich in Berücksichtigung der Zeit kurz fassen mußten, so ist zu erwarten, daß die Erledigung des ersten Themas noch einmal eine ganze Sitzung in Anspruch nehmen wird, und daß also die zweite Frage kaum erschöpfend genug behandelt werden kann*).

Da ich nun in beiden Fragen schon gearbeitet habe**) und vielleicht in Dresden keine Gelegenheit finde, meine Ansichten auszusprechen, so will ich es auf diesem Wege thun, und damit auch einem Wunsche nachkommen, welchen der Vicepräsident der Versammlung, Herr Forstrath Ganghofer, am Schlusse der II. Sitzung in Bamberg bezüglich der Behandlung der ersten Frage in der Literatur ausgesprochen hat. —

---

*) Obwohl ich mit meinen kritischen Bemerkungen über Vorgänge bei Forstversammlungen schon einmal, wie man zu sagen pflegt, angestoßen habe, so kann ich doch nicht umhin im Interesse der Sache „sine ira et studio" zu bemerken, daß es sehr wünschenswerth wäre, wenn die Referate, — entsprechend der im Vorberichte zum Bericht über die VI. Versammlung d. Forstwirthe ausgesprochenen Ansicht, — möglichst kurz gefaßt würden; das Referat soll ja doch nur Anhaltspunkte für die Debatte geben, und kann Nebenfragen bei Seite lassen. Auch das in allen parlamentarischen Versammlungen giltige Verbot, Reden 2c. abzulesen, dürfte in Anwendung kommen.

**) Der Wald und die Gesetzgebung von L. Heiß, Berlin bei Springer.

I.

Ueber die Wichtigkeit, ja absolute Nothwendigkeit der Ablösung der Forstrechte will ich mich um so weniger verbreiten, als darüber bei allen denkenden Sachverständigen kaum noch ein Zweifel bestehen dürfte, und als ich mich über die zwingende Nothwendigkeit der Ablösung schon oftmals ausgesprochen habe. Auch der Referent über diese Frage bei der Versammlung in Bamberg, Hr. Forstmeister Urich, hat sich über die Dringlichkeit der Ablösung verbreitet, und diese namentlich für Bayern mit dem Hinweis auf die drückenden Belastungsverhältnisse seiner Waldungen motivirt. Zahlen sprechen, sagt man gewöhnlich, und ich will daher nur wiederholt darauf hinweisen, daß die Waldungen Bayerns von allen deutschen Waldungen am schwersten belastet sind, denn von den

    Staatswaldungen sind . . . 77 pCt.
    Gemeindewaldungen . . . . 30 pCt.
    Privatwaldungen . . . . . 9 pCt.

mit Forstberechtigungen aller Art belastet*).

Auch bei der Versammlung in Bamberg war man über die Nothwendigkeit der baldigsten Beseitigung der auf den Waldungen ruhenden Gerechtsame — erster Antrag von Urich und Dr. Baur — vollständig einig, denn Oberforstmeister Danckelmann erklärte gegenüber dem Antrage 1 des Referenten nur, daß er nicht auf dem Standpunkt stehe, daß es ange-

---

*) Diese Zahlen, dem Werke: „Die Verwaltung Bayerns" entnommen, sind zwar nicht mehr ganz zutreffend, da seit der Herausgabe des Werkes Ablösungen stattgefunden haben, aber im Großen und Ganzen doch bezeichnend.

zeigt, daß es geboten oder auch nur rathsam wäre, alle Servituten so bald als möglich abzulösen. Obwohl ich nun im Princip für die Ablösung sämmtlicher Forstrechte bin, so gebe ich doch unbedingt zu, daß es Verhältnisse geben kann und giebt, wo es wenigstens vorläufig nicht geboten, vielleicht sogar nicht rathsam ist, dieses oder jenes Recht abzulösen, wie z. B. das von Herrn Danckelmann angeführte Weiderecht im Hochgebirge. Ich glaube, es ist nicht zweckmäßig, über solche Fragen allgemein zu entscheiden, wie denn überhaupt das starre Festhalten an theoretischen Lehrsätzen ein deutscher Charakterzug ist, der nicht selten zum Fehler wird. Wenn die Gesetzgebung das Princip der Ablösbarkeit aller Servitute ausgesprochen hat, so genügt das vollständig; die Ausnahmen von der Regel müssen dann gründlich motivirt werden. Geht man von dem unbestreitbaren Standpunkte aus, daß eine Zwangsablösung von Forstberechtigungen, ebenso wie eine jede Expropriation nur im Interesse des öffentlichen Wohles, nur aus staats- und volkswirthschaftlichen Gründen durch das Gesetz statuirt werden darf, so finden sich auch nicht unschwer die Ausnahmen vom Princip, denn sobald eine Berechtigung einerseits mit der Erhaltung des Waldes verträglich wäre, anderseits aber die Ablösung den Nahrungsstand, die wirthschaftlichen Zustände einer ganzen Klasse von Berechtigten, einer ganzen Gegend in Frage stellen würde, so wäre von der Ablösung wenigstens vorläufig abzusehen, oder die Ablösung hätte erst nach einem bestimmten Zeitraume stattzufinden, so daß der Berechtigte Zeit hat, seine Wirthschaft allmälig den veränderten Verhältnissen gemäß einzurichten. Diese einzelnen in Wirklichkeit sehr seltenen Fälle müssen eben genau untersucht und festgestellt werden.

Die Frage des Provokationsrechtes gehört in sofern zum Thema, als von ihrer vorhergehenden Entscheidung theilweise die Lösung der Frage über die Abfindungsmittel abhängig ist oder wenigstens abhängig gemacht werden kann, wie wir später sehen werden. Der zweite Antrag des Referenten Urich und ebenso von Baur lautet:

„Das Recht, die Ablösung zu beantragen, steht sowohl dem Pflichtigen wie Berechtigten zu, letzterer muß jedoch als Provokant sich gefallen lassen, daß die Abfindung nach dem Vortheil bemessen wird, welcher dem Pflichtigen aus der Ablösung erwächst".

Mit der in diesem Satze enthaltenen Beschränkung ist das Provokationsrecht in verschiedene Gesetzgebungen übergegangen, denn wenn auch einerseits Forstrechtsablösungen aus staatswirthschaftlichen Gründen nur dann gerechtfertigt sind, wenn dadurch die Bodenkultur gefördert und gehoben wird, so verlangt doch auch anderseits die ausgleichende Gerechtigkeit, daß wenn man dem Belasteten das Recht zugesteht ihm lästige, den Ertrag seiner Wirthschaft beeinträchtigende Berechtigungen abzulösen, man doch auch dem Berechtigten das Provokationsrecht zugestehen muß, da es ja sonst dem Belasteten beifallen könnte, nur die Ablösung der oben erwähnten Rechte zu provoziren, während er z. B. wieder andere Rechte von denen er weiß, daß sie für den Berechtigten nach und nach werthlos werden müssen, nicht ablösen würde. Der Belastete könnte z. B. das Streurecht provoziren, während er das auf demselben Objekt ruhende Weiderecht fort bestehen ließe, weil er sicher darauf rechnen kann, daß die wirthschaftlichen Verhältnisse des Berechtigten ihn zwingen, nach der Ablösung des Streurechtes die Weide nach und nach aufzugeben, um durch Stallfütterung mehr Dünger zu gewinnen. — Der erste Absatz des Antrages No. 2 fand nicht nur in der Versammlung keinen Widerspruch, sondern wird ihn auch in den gesetzgebenden Körperschaften nicht finden, sodaß eine weitere Erörterung überflüssig sein dürfte; weniger möchte dies schon mit dem zweiten Absatz der Fall sein, da er einen verschiedenen Ablösungsmodus statuirt. Wenn man jedoch in Betracht zieht, daß es eine Ungerechtigkeit wäre, wenn der Pflichtige ein Recht ablösen müßte nach dem Maßstab des Vortheiles, den der Berechtigte bisher daraus gezogen hat, obgleich ihm selbst aus der Ablösung keinerlei Vortheil erwächst, obgleich ihn das Recht nicht im rationellen Betrieb seiner Wirthschaft hindert, auch der Fortbestand des Rechtes in keiner Beziehung volkswirthschaftlich nachtheilig ist, so wird man den Schlußsatz nicht unbillig finden. Rechte dieser Art sind z. B. das Recht auf Schweineeintrieb, auf Stockholz, unter Umständen das Leseholzrecht 2c.

Der Schwerpunkt bei dem ganzen Ablösungswerk liegt übrigens, wie Forstmeister Bernhardt in Bamberg ganz richtig bemerkte, in der Beantwortung der Fragen über die Art und Weise der Ablösung, nämlich: ob theilweise oder ganz mit Wald oder sonstigen Ländereien oder nur mit Geld abgefunden werden soll; sodann noch in dem Berechnungsmodus des Kapitalwerthes des Objektes, das als Aequivalent für den Servituten-Genuß, die Servitut-Rente, hingegeben wird. Hier traten nun allerdings einige Differenzpunkte in den Ansichten hervor, jedoch waren sie durchaus nicht der Art, daß nicht eine Ausgleichung möglich sein sollte.

Wenn man die verschiedenen Anträge nebeneinander stellt und vergleicht, so ergiebt sich folgendes: Nach No. 3 der Anträge von Urich kann die Abfindung geleistet werden in:

a) Geld, und zwar Kapital oder Rente;
b) wirthschaftlich gelegenen Feld-, Wiesen- u. Waldstücken;
c) Holzrente.

Antrag No. 5 bestimmt weiter:

Wofern nicht eine gütliche Vereinbarung unter den Interessenten stattfindet, sind in Geld abzufinden die Berechtigungen, welche

a) Einzelnen zustehen;
b) sich auf Waldnebennutzungen oder Bau- und Nutzholz erstrecken.

„Falls nicht passendes Gelände in anderer Kulturart Brennholz berechtigten Gemeinden angeboten wird, so können diese Waldabfindung dann verlangen, wenn ihnen nach sachverständigem Ermessen ein für die betreffende Lokalität zum konservativen Nachhaltsbetrieb genügend großer Waldkomplex zugetheilt werden kann."

Correferent Forstmeister Bernhardt will folgende Abänderungen;

I. zu Antrag No. 3:

a) die Holzrente als Abfindungsmittel zu streichen.

II. zu Antrag No. 5:

1) Wenn Berechtigungen zum Bezug von Holz Gemeinden (politischen oder Realgemeinden) oder Genossenschaften zustehen, so ist die Abfindung in bestandenen Theilen des belasteten Waldes zu gewähren, vorausgesetzt daß:

a) die Erhaltung und forstwirthschaftliche Benutzung der abzutretenden Waldstücke durch Gesetz sicher gestellt ist;
b) das abzutretende und das verbleibende Waldstück nach den örtlichen Verhältnissen und nach seinem Umfange zur forstwirthschaftlichen Benutzung geeignet bleibt.

2) Der Verpflichtete soll jedoch in diesem Falle berechtigt sein, Grundstücke in anderer Kulturart, welche für den Berechtigten wirthschaftlich geeignet sind, an Stelle der Forstgrundstücke zu gewähren.

3) Die Abfindung aller Holzberechtigungen, welche einzelnen Grundbesitzern zustehen, sowie aller Berechtigungen auf Waldnebennutzungen, mit Ausnahme jedoch von Streu und Mast, soll in der Regel in solchem Grund und Boden erfolgen, welcher zur Benutzung als Acker, Wiese oder in anderer Kulturart für die Berechtigten geeignet ist, und bei dieser Benutzung nachhaltig einen höheren Ertrag gewährt, als bei forstwirtschaftlicher Benutzung. Ebenso soll verfahren werden, wenn die Voraussetzung unter 1a nicht zutrifft.

4) In so weit nach dem Ermessen der Theilungsbehörde weder Forstland noch Kulturgelände gegeben werden kann, so soll die Abfindung in fester Geldrente, welche dem rentekostenfreien Jahreswerthe der Berechtigung gleich ist, bestehen. Für Streu- und Mastberechtigungen ist letztere immer zu geben.

Oberforstmeister Danckelmann schlägt unter No. 2 als Abfindungsmittel vor:
1) Landwirthschaftliches Kulturland.
2) Waldland.
3) Geldkapital.

a) Landabfindung überhaupt kann von dem Berechtigten nur bei Holz-, Streu-, Weide- und Gräserei-Berechtigungen und nur bei Provokation des Waldeigenthümers verlangt werden. Sie muß in wirthschaftlicher Lage für das berechtigte Grundstück gegeben und kann vom Waldeigenthümer verweigert werden, wenn die wirthschaftliche Größe, Form und Benutzung des belasteten Waldes durch die Landabfindung beeinträchtigt wird.

b) Abfindung in landwirthschaftlichem Kulturlande braucht von dem belasteten Walde nur dann gegeben zu werden, wenn die einzurichtende landwirthschaftliche Benutzung nach Abrechnung aller Kulturkosten und Verluste, welche die Aenderung der Kulturart herbeiführt, nachhaltig einen höheren Bodenreinertrag liefert, als die fortgesetzte forstliche Benutzung. Hiebsunreife Bestände müssen von dem Berechtigten nach ihrem wirthschaftlichen Werthe in Anrechnung auf das Soll-Haben-Kapital angenommen, — hiebsreife Bestände von dem Waldeigenthümer unter Gewährung einer angemessenen, zur vortheilhaften Verwerthung ausreichenden Abholzungsfrist abgeändert werden.

c) Waldabfindung ist auf Holzberechtigungen von Gemeinden und Genossenschaften zu beschränken. Anstatt derselben kann vom Waldeigenthümer landwirthschaftliches Kulturland gegeben werden. —

Waldabfindung auf natürlichem (durch forstliche Benutzung am höchsten rentirenden) Waldboden ist nur dann zulässig, wenn nach forstsachverständigem Gutachten eine geregelte Bewirthschaftung des Abfindungswaldes mit Rücksicht auf dessen Größe, Lage und Holzbestand, sowie nach der Lage der Gesetzgebung dauernd gesichert ist.

d) Wenn nach den vorstehenden Bestimmungen (a, b und c) Landabfindung vom Berechtigten nicht verlangt werden kann, oder vom Waldeigenthümer nicht gegeben zu werden braucht, ist in Ermangelung anderweiter Einigung die Abfindung in Geldkapital zu gewähren. —

Professor Dr. Baur macht folgende Vorschläge bezüglich der Abfindungsmittel:

1) Die Abfindung kann geleistet werden:

a) in Geld, und zwar Kapital oder Rente;

b) in landwirthschaftlichem Gelände;
c) in Wald.

2) Wofern nicht eine gütliche Vereinbarung unter den Interessenten stattfindet, sind in Geldkapital abzufinden: die Berechtigungen, welche sich auf Waldnebennutzungen oder Bau- und Nutzholz erstrecken.

3) In Geldkapital oder Geldrente sind abzufinden: Brennholz-Berechtigungen, welche Einzelnen zustehen.

4) In Geldkapital, Geldrente (mit Rücksicht auf steigende oder fallende Holzpreise) oder Wald sind abzufinden: Berechtigungen zum Bezug von Brennholz bei Gemeinden oder Genossenschaften. Waldabtretung findet jedoch nur dann statt, wenn

a) die Erhaltung und forstwirthschaftliche Benutzung der abzutretenden Waldstücke durch Gesetz sicher gestellt ist;

b) Das abzutretende und das verbleibende Waldstück nach den örtlichen Verhältnissen und nach seinem Umfange zur forstwirthschaftlichen Benutzung geeignet bleibt, und

c) der Verpflichtete in der Lage ist, geeignete Waldflächen, deren Abtretung zu keiner Zersplitterung des Waldes führt, abzulassen. Im Einverständniß beider Interessenten kann statt Wald auch landwirthschaftliches Gelände abgetreten werden.

Untersuchen wir nun einmal, in welchen Punkten die Anträge übereinstimmen, und in welchen sie auseinander gehen.

Uebereinstimmen dieselben:

1) In den Ablösungsmitteln als: Geld, landwirthschaftliches Gelände, Wald.

Nur der Referent Urich hat auch noch die Holzrente, an welcher er jedoch beim Vortrage nicht festgehalten hat.

2) In dem Grundsatze, Waldabfindung auf folgende Fälle zu beschränken:

a) auf berechtigte Gemeinden, wenn denselben ein zum forstwirthschaftlichen Betrieb genügend großer Complex zugetheilt werden kann, und wenn die Erhaltung und forstwirthschaftliche der abzutretenden Grundstücke durch Gesetz gesichert ist.

3) In dem Ausschluß von Waldabfindung bei Berechtigungen von Einzelnen, und

4) Bei Berechtigungen auf Waldnebennutzungen.

Auseinander gehen die Anträge:

1) Der Referent Urich stellt als Grundsatz die Ablösung in Geld auf, in zweiter Linie landwirthschaftliches Gelände, und gibt die Waldabfindung erst in dritter Linie zu, denn er sagt: „Falls ꝛc. nicht angeboten wird, so können die Gemeinden Waldabfindung verlangen"; und auch Holzrente muß der Berechtigte nehmen, wenn der Pflichtige diese Art Abfindung vorzieht.

Die Anträge von Baur, so ähnlich sie sonst denen von Urich sind, weichen gerade im Punkte der Waldabfindung wesentlich von ihnen ab, denn obgleich auch Baur die Geldabfindung in erste Linie stellt, so hat er doch erstens: die in dem Belieben des Pflichtigen stehende Holzrente nicht; zweitens gibt Baur dem Pflichtigen nicht das Recht: „passendes Gelände in anderer Kulturart aufzudringen, was doch das: „Falls nicht" heißt. Baur sagt: „Im Einverständniß beider Interessenten kann statt Wald auch landwirthschaftliches Gelände abgetreten werden.

Bernhardt weicht zwar soviel von Urich als wie von Baur ab, steht jedoch theils Urich, theils Baur näher. Er will: wenn Berechtigungen zum Bezug von Holz — also auch von Bau- und Nutzholz — Gemeinden oder Genossenschaften zustehen, die Abfindung in bestandenen Theilen des belasteten Waldes gewähren. Diesen Grundsatz schränkt er aber sofort durch Satz 2 bis Satz 5 in dem Berichte wieder ein, denn wenn er sagt: der Verpflichtete soll jedoch in diesem Falle — d. h. im Falle 1a oder b — berechtigt sein, Grundstücke in anderer Kulturart an Stelle der Forstgrundstücke zu gewähren, so stellt er ganz wie Urich die Abfindung mit Wald vollständig in das Belieben des Pflichtigen. Bernhardt geht aber darin wieder weiter als Baur, daß er nicht bloß den zum Bezug von Brennholz, sondern zum Bezug von Holz überhaupt berechtigten Gemeinden die Waldabfindung zugesteht. Von Urich und Baur weicht Bernhardt sodann wieder durch Satz 6 ab, nach welchem die Abfindung aller Holzberechtigungen Einzelner, sowie aller Berechtigungen auf Waldnebennutzungen, mit Ausnahme von Streu und Mast in der Regel in landwirthschaftlichem Gelände stattfinden soll.

Auf einem in dieser Beziehung verschiedenen Boden steht Danckelmann, denn wenn er auch die Landabfindung und die von landwirthschaftlichem Kulturland insbesondere sehr verklausulirt, so stellt er sie doch als Regel und Geld als Ausnahme hin. In Beziehung auf Waldabfindung steht Danckelmann ganz auf dem Boden von Bernhardt und Urich und weicht von letzterem nur darin ab, daß er sie auf Holzberechtigungen überhaupt ausdehnt. Von Baur weicht er wie Bernhardt und Urich wesentlich dadurch ab, daß er auch: „dem Pflichtigen das Recht zugesteht, anstatt Waldabfindung landwirthschaftliches Kulturland zu geben." Wenn wir nun das Uebereinstimmende und das Differirende der verschiedenen Resolutionen vergleichen und einer genauen Prüfung unterwerfen, so finden wir, daß die vier Antragsteller in mehreren sehr wesentlichen Punkten mit einander, und nur in einem — abgesehen von der Holzrente — wesentlichen Punkte auseinander gehen. Meine Stellung in der vorliegenden Frage ist durch meine schon erwähnte Schrift

sowie durch den Umstand ziemlich klar gezeichnet, daß ich an der von Baur in seinem Vortrage erwähnten Vorbesprechung über seine Resolutionen Theil genommen habe. Wäre ich in Bamberg noch zum Worte gekommen, so würde ich übrigens einem mir durchaus möglich scheinenden Ausgleiche das Wort geredet haben, was ich nunmehr zu thun versuchen will. —
Bezüglich der Urich'schen Holzrente geht meine Ansicht dahin, daß sie überhaupt kein Abfindungsmittel, sondern nur eine Umwandlung ungemessener in gemessene Rechte, eine Fixirung ist. Eine wenn auch nach Quantität, Holzart und Sortiment fixirte Holzrente verewigt so zu sagen die Berechtigung, und kann in spätern Zeiten für den Waldeigenthümer eben so lästig werden, wie das jetzige unbemessene Holzrecht, denn er kann ja unter Umständen durch die Auslieferung dieser Holzrente daran gehindert werden, eine andere Betriebsart, eine andere für die bestehenden Verhältnisse besser rentirende Holzart 2c. einzuführen. Ich will in dieser Beziehung nur ein Beispiel aus meinem Amtsbezirke anführen, wo bestimmte Waldtheile von zwei Oberförstereien mit dem Rechte belastet sind, an drei Pfarrstellen eine bestimmte Klafterzahl Buchen=Scheitholz jährlich zu liefern. — In dem einen dieser Reviere hat man nun den früheren Hoch= und Mittelwaldbetrieb verlassen, und ist zum Schälwaldbetrieb übergegangen, mit dem sich aber das gezwungene Ueberhalten von Buchenstämmen, welche wie gewöhnlich vom Rindenbrande heimgesucht werden, schlecht verträgt; die Holzrente ist hier offenbar von Nachtheil für den Eigenthümer, und dergleichen Benachtheiligungen und Behinderungen in der freien Wirthschaft könnten Holzrenten manchmal in noch viel größerem Maßstabe zur Folge haben. — Die Holzrente ist absolut kein Ablösungsmittel, und es hat sich wol aus diesem Grunde auch kein Redner für

sie ausgesprochen. Wenn Urich sie in seinem Ablösungssystem nicht entbehren zu können glaubt, so hat sein System eben eine Lücke, denn ein Mittel, das nicht zur Ablösung führt, hat auch keinen Platz in einem Ablösungsgesetz, kann nicht unter den Abfindungs= mitteln aufgeführt werden. Wenn Urich der Holzrente die zwei= fache Rolle zugedacht hat: „einerseits den Pflichtigen von der Auseinanderreißung seines Grundbesitzes zu schützen, anderseits als Schraube auf ihn zu drücken und ihn zu bestimmen, holz= berechtigten Gemeinden dann, wenn es die Umstände ihm einiger= maßen ermöglichen, Waldstücke abzutreten, weil er sonst genöthigt ist, Holzrente und damit den höchsten Ablösungspreis anzulegen", so ist darauf zu entgegnen, daß diese Zwecke auch auf andere Weise erreicht werden können und müssen, wie später gezeigt werden soll. — Daß unter bestimmten Verhältnissen auch „Wald" als Abfindungsmittel gegeben werden soll, über diesen Punkt bestand keine Meinungsverschiedenheit, wol aber gingen die Mei= nungen darüber auseinander: Unter welchen Bedingungen muß der Belastete dem Berechtigten ein Stück vom Berechtigungs= wald abtreten?

Wird an dem Grundsatze fest gehalten, daß eine zwangs= weise Servituten-Ablösung überhaupt nur aus staatswirthschaft= lichen Rücksichten, nur zum Zwecke der Walderhaltung aus Rück= sichten auf die öffentliche Wohlfahrt zu rechtfertigen ist, — vom privatrechtlichen Standpunkte gibt es nur eine auf Einverständ= niß beruhende Ablösung, — so dürfte es auch nicht schwer sein zu bestimmen, in welchen Fällen eine Waldabtretung nicht zu= lässig ist. —

Diese Fälle sind:
1) An Einzelne (Private) weil die Erhaltung des Waldes hier selbst beim Großgrundbesitz, und selbst dann nicht gesichert

ist, wenn die gegenwärtige Gesetzgebung auch der Staatsgewalt die Befugniß zur Ueberwachung der Privatwaldwirthschaft gibt.

2) An Gemeinden, wenn die Gesetzgebung der Staatsgewalt nicht die Pflicht auferlegt, in die Wirthschaft der Gemeinde wenigstens so weit einzugreifen, daß die Erhaltung der Gemeindewaldungen, und der nachhaltige Betrieb so gesichert ist, daß weder Uebernutzungen an Haupt- noch an Nebennutzungen — Streu — vorkommen können, oder wenn das abzutrennende Waldstück so klein ausfallen würde, daß es weder für sich allein, noch im Anschluß — Anschluß an die Wirthschaft — an schon in demselben Besitze sich befindenden Wald nachhaltig bewirthschaftet werden kann. —

3) Bei Berechtigungen auf Forstnebennutzungen, wie Streu, Gras, Weide, Mast ꝛc., sie mögen Einzelnen oder Gemeinden zustehen.

Diese Gesichtspunkte sind in den sämmtlichen Resolutionen festgehalten und ebenso, daß selbst an Gemeinden nur bei Holzberechtigungen Wald abgetreten werden soll. Hier gehen nun allerdings die Meinungen schon etwas auseinander, denn 2 Stimmen wollen nur Brennholz berechtigten Gemeinden Wald geben, zwei dehnen die Abtretung auf sämmtliche Holzberechtigungen aus. Geht man von der Ansicht aus die Waldabtretung an Gemeinden, als fortlebende Glieder des Staates unter den schon erwähnten Voraussetzungen und namentlich wenn der Staat das Beförsterungsrecht hat, möglichst zu begünstigen und die Gemeinden dadurch vor den Nachtheilen des sinkenden Geld- und steigenden Produktenwerthes zu sichern, so muß man die Ausdehnung auf alle Holzrechte zugeben. Hält man daran fest, daß eine Waldabtretung nur dann gerechtfertigt ist, wenn der Berechtigte aus dem abgetretenen

Walde nachhaltig die Produkte beziehen kann, auf welche er berechtigt ist, so ist für Bauholzrechte nur Geldabfindung am Platze. Wenn ich nun auch im Allgemeinen der Ansicht huldige, bei Berechtigungen von Gemeinden, die Waldabtretung zu begünstigen, so finde ich es doch nicht gerechtfertigt, auch dann Waldabtretung gesetzlich zu bestimmen, wenn einer Gemeinde nur das Recht auf Bauholz zusteht, denn einerseits wird die abzutretende Waldfläche beinahe nie so groß ausfallen, daß das Bauholzbedürfniß der berechtigten Gemeindeglieder nachhaltig gedeckt werden kann, und anderseits wird das abgetretene Waldstück natürlich so bewirthschaftet werden, daß es den höchsten Reinertrag für die Gemeinde abwirft. Das durch die Waldwirthschaft gewonnene Geld fließt in diesem Falle in die Gemeindekasse, und es kann der Fall vorkommen, daß dann auch Nichtberechtigte, — Grundbesitzer, welche nicht in der Gemeinde wohnen, keine Bürger sind, — Vortheil vom Walde d. h. der früheren Berechtigung haben, während die Theilhaber derselben benachtheiligt sind*). In einem solchen Falle ist es für den Berechtigten offenbar weit vortheilhafter eine Geldrente oder ein Kapital zu erhalten, was er sofort zu umfassenden baulichen Reparaturen verwenden oder verzinslich anlegen kann. Wenn einer Gemeinde also nur das Recht auf Bauholz zusteht, so halte ich nicht Waldabtretung, sondern Geldabfindung für das Richtige. — Bezüglich der Abfindung aller Forstnebennutzungsrechte mit Geld oder landwirthschaftlichem Gelände stimmen sämmtliche Anträge überein, und die Gründe dafür sind so durchschlagend und schon so hervorgehoben, daß ich mir deren Wie-

---

*) Dieser Fall ist in meinem Amtsbezirke vorgekommen, wo ich auf dem Wege der Vereinbarung ein cumulirtes Recht auf Bauholz, auf Weide und Raff- und Leseholz abgelöst habe.

derholung wol ersparen kann. — Dagegen aber haben sämmtliche Antragsteller übersehen, für den Fall Bestimmungen vorzuschlagen, wenn einer Gemeinde in demselben Walde mehrere verschiedenartige Rechte, z. B. auf Brenn= und Bauholz, auf Brennholz, Streu, Weide, Mast ꝛc. zustehen. Bernhardt hat wol in seiner Rede den Fall hervorgehoben, daß die Summe der Servitutrechte so hoch an die Summe der Rechte, welche dem Eigenthümer verbleiben heranreichen kann, daß ein erheblicher Theil des Waldes für die Ablösung gegeben werden muß, jedoch ist die Art der Abfindung in seinen Anträgen nicht hervorgehoben; ich glaube, annehmen zu dürfen, daß er in diesem Falle für Abfindung mit Wald ist. — Es würde übrigens auch das Ablösungswerk sehr erschweren, und von dem Princip der Waldabfindung bei Berechtigungen von Gemeinden, — die schon erwähnten Bedingungen immer vorausgesetzt, — abweichen, wenn man bei cumulirten Rechten einen Theil derselben mit Wald den andern mit Geld abfinden wollte. Es wäre also nach meiner Ansicht in die Resolutionen noch ein Antrag aufzunehmen, wonach bei mehreren verschiedenartigen Rechten, welche einer auf Brennholz berechtigten Gemeinde zustehen sämmtliche Rechte mit Wald abgefunden werden sollen. —

Aus Vorstehendem ist zu ersehen, daß man in Bamberg bezüglich der Negation nicht so weit auseinander ging; versuchen wir es nun einmal im Anhalt an die vier Resolutionen positive Vorschläge bezüglich der Waldabtretung — dem Kernpunkt der ganzen Frage — zu machen.

Die Abfindung kann geleistet werden, oder Abfindungsmittel sind:

1) Geld und zwar Kapital oder Geldrente.
2) Landwirthschaftliches Gelände.

3) Wald.

Mit Wald sind abzufinden:

Berechtigungen von Gemeinden oder Genossenschaften auf Brennholz oder auf cumulirte Rechte von Brennholz und sonstigen Rechten.

Diese Waldabtretung findet jedoch nur dann statt, wenn:

a) Nach forstfachverständigem Urtheil eine geregelte Bewirthschaftung des Abfindungswaldes entweder für sich oder im Anschluß an schon vorhandenen im Besitze der berechtigten Gemeinde sich befindenden Waldart mit Rücksicht auf Größe, Lage und Betriebsart gesichert ist.

b) Wenn die Gesetzgebung in Beziehung auf Bewirthschaftung von Gemeindewaldungen der Staatsgewalt das Recht giebt und die Pflicht auferlegt für die Erhaltung derselben im nachhaltigen Betriebe unter allen Umständen zu sorgen.

c) Wenn der Verpflichtete in der Lage ist, geeignete Waldflächen d. h. isolirte Parzellen ꝛc. abzutreten. Forsttechnischem Gutachten ist es vorbehalten, zu bestimmen: ob der Verpflichtete in der Lage ist, geeignete Waldflächen abzutreten ohne durch Zersplitterung seines Waldes oder Zerreißung eines Wirthschaftsganzen erhebliche, die Vortheile der Ablösung weit übersteigende Verluste zu erleiden. —

Eine ähnliche Fassung hat auch Baur im Antrag 4, nur scheint mir der Satz: „In Geldkapital, Geldrente oder Wald" einen Zweifel zuzulassen: ob es dem Pflichtigen zusteht, Wald zu geben oder nicht, oder ob der Berechtigte Wald verlangen kann, wenn die sub a b c aufgezählten Bedingungen gegeben sind. Der Schlußsatz: „Im Einverständniß beider Interessenten kann statt Wald auch landwirthschaftliches Gelände abgetreten werden" klärt die Zweifel keineswegs auf. — Es dürfte noth=

— 21 —

wendig sein genau zu bestimmen, in welchen Fällen Wald gegeben werden muß, wenn nicht ein Einverständniß stattfindet, was ja unter allen Umständen zulässig ist, und in erster Linie steht.

Wer es einerseits ernstlich mit der beschränkten Waldabtretung an Gemeinden meint, anderseits aber auch die Erhaltung dieser so abgetretenen Waldungen wünscht, kann einer solchen Präcisirung nicht entgegen sein, denn die Anträge von Urich, Bernhardt und Danckelmann machen die Waldabtretung vollständig oder beinahe ganz vom Willen des Pflichtigen abhängig.

Die volkswirthschaftlichen Vortheile der Waldabfindung bei berechtigten Gemeinden sind meiner Ansicht nach in Bamberg nicht genug erörtert worden, und doch sind es gerade diese Vortheile, welche die Waldabtretung an Gemeinden nicht nur zulässig, sondern in vielen Fällen sogar wünschenswerth machen.

Die Gemeinden sind das Fundament des Staates, und es darf wohl angenommen werden, daß die Steuerkraft derselben mit dem Vermögen steigt und fällt; je mehr Mittel sie für die geistigen und materiellen Bedürfnisse ihrer Bürger aufwenden können, ohne deren Steuerkraft durch Umlagen in Anspruch zu nehmen, desto besser für den Staat, welchem vor allem daran gelegen sein muß, wohlhabende, intelligente und zufriedene Bürger zu haben. Gerade eine Abfindung in Wald hat aber den Vortheil, daß der Gemeinde der Vermögensstand erhalten bleibt und sichere Zinsen durch die jährlichen Holzungen abwirft, während Geld sehr leicht für die gegenwärtige Generation verbraucht wird. Wenn Urich dem Staat die Aufgabe zuweist, dafür zu sorgen, daß die Ablösungskapitalien nicht verschleudert werden, so ist diese Aufgabe noch viel schwieriger als für eine nachhaltige gute Bewirthschaftung der Gemeindewaldungen zu sorgen, denn er greift mit dieser Ueberwachung des Geldes der Gemeinden noch viel tiefer in die Autonomie der Gemeinden ein, als wenn er ihren Wald beförstert, da die Beförsterung den Gemeinden ja das Recht der ungehinderten Verwendung und Verwerthung der gefundenen Forstprodukte läßt. Auch die schon mit Zahlen nachgewiesene Thatsache des im Allgemeinen sinkenden Geld= und steigenden Produktenwerthes darf nicht so leichthin behandelt werden, denn wenn auch Roscher in seiner Nationalökonomik des Ackerbaues sagt: „Die Gerechtigkeit fordert, daß dem Berechtigten der volle jetzige Werth des Opfers, das er bringen will, vergütet werde; ob dieser Werth in Zukunft noch hätte steigen können, muß bei der gänzlichen Unberechenbarkeit aller Zukunft unberücksichtigt bleiben", — und wenn auch die prinzipielle Richtigkeit dieses Satzes nicht zu bestreiten ist, — so dürfte doch der Staat gegenüber den Gemeinden andere d. h. politische Rücksichten haben. Es ist nicht richtig wenn man behauptet, nur ein großer Waldbesitz könne die Gemeinden konservativ und wohlhabend machen, denn auch schon ein kleiner Waldbesitz kann bei richtiger und mit Rücksicht auf das Interesse der Gemeinde selbst geführter Wirthschaft Erträge abwerfen, welche nicht unwesentlich zur Deckung der Gemeindebedürfnisse beitragen, oder den Bürgern einen Theil ihres benöthigten Brennholzes liefern. Die Bestimmung wie groß dieser Waldbesitz sein muß, d. h. die Festsetzung eines Minimal= flächengehaltes bei Waldabtretungen, hat sehr große Schwierig= keiten, und eine Bestimmung, wie ich sie sub 3 a vorgeschlagen habe, dürfte vielleicht ebenso zweckmäßig sein; jedenfalls aber kann es von Urich nicht ernst gemeint gewesen sein, als er in Bamberg ausrief: „Versäumen wir es heute, diesen Minimal=

flächengehalt näher zu bezeichnen, so haben unsere Resolutionen nur die Bedeutung von Phrasen". Bei der Bestimmung von Minimal-Flächenzahlen müßte man jedenfalls zwischen den verschiedenen Betriebsarten unterscheiden, und die Größe würde sich sogar modifiziren, je nachdem der Wald in der Ebene, im Hügellande oder Hochgebirge 2c. gelegen ist, denn in dem einen oder andern Falle können 10 Ha. schon genügend sein, während in wieder einem andern Falle 100 Ha. und mehr noch zu klein sind. Die Größe der Flächenausdehnung von unten nach oben dürfte sich nach folgender Scala bemessen lassen:

1) Wenn der Wald anstoßend an einen bereits vorhandenen gegeben werden kann, oder wenn das abzutretende Waldstück wenigstens mit in der Nähe gelegenen, demselben Besitzer gehörigen Waldungen zu einem Wirthschaftsganzen vereinigt werden kann;

2) Die Betriebsarten folgen in der Ordnung: Niederwaldbetrieb, Eichenschälwaldbetrieb, Mittelwaldbetrieb, Plänterbetrieb, Hochwaldbetrieb, denn wer wollte in Abrede stellen, daß ein 10 Ha. großer Eichenschälwald im 15 oder 16jährigen Umtriebe noch einer ganz geregelten Bewirthschaftung unterworfen werden kann, da man ja unter Umständen nur alle zwei Jahre abzutreiben braucht; wie überhaupt der aussetzende Betrieb kleinere Flächen zuläßt.

3) Eben gelegene Waldungen in Gegenden mit vorherrschendem landwirthschaftlichem Betriebe, in denen auch schwaches Reisholz immer gut absetzbar ist, lassen einen viel niedern Umtrieb zu und können deswegen auch kleiner sein als Waldungen im Gebirge.

Ich befürworte die Abtretung von Wald an berechtigte Gemeinden unter den schon erwähnten Beschränkungen aber auch noch aus andern Gründen, und zwar weil ich glaube, daß die Ablösung auf viel weniger Schwierigkeiten stoßen wird, und daß es unter Umständen sogar vortheilhaft für den Staat sein kann mit Wald abzulösen*). Auf weniger Schwierigkeiten wird die Ablösung stoßen, weil die gesetzgebenden Faktoren viel leichter auf ein Ablösungsgesetz eingehen werden, das unter bestimmten Verhältnissen den Gemeinden das Recht zugesteht, Wald als Abfindungsmittel v e r l a n g e n zu können, und weil sich die für die Ablösung in Anspruch zu nehmenden Mittel in Folge der Waldabtretung wenigstens etwas verringern. — Mit Wald abzulösen, kann aber auch für den Staat vortheilhaft sein, wenn er, wie es doch gerade nicht so sehr selten der Fall ist, isolirte Parzellen besitzt, welche Schutz und Betrieb erschweren und vertheuern.

Unter allen Umständen aber ist es vorzuziehen, lästige, die Wirthschaft hemmende, und den Reinertrag schmälernde Servituten mit Waldabtretung an Gemeinden abzulösen, als ohne Waldabtretung zu behalten. Es ist gewiß ganz richtig, wenn U r i ch sagt: „Mit den Zwecken, welchen die Waldwirthschaft dienen soll, ist wohl Niemand besser vertraut als wir selbst". Aber es ist nicht genug, daß wir Forstwirthe mit diesen Zwecken vertraut sind, wir müssen auch andern diese Zwecke verständlich zu machen wissen, und müssen uns namentlich vor Uebertreibungen bewahren. Es ist nicht gut, gerade von forstlicher Seite gleich vom grünen Standrechte zu sprechen, — was

---

*) Ich habe die Holz-, Streu- und Weiderechte von zwei Gemeinden durch Abtretung von 3 isolirten Schälwaldparzellen abgelöst, wodurch ein Schutzbedienstester überflüssig wurde, obwohl die Parzellen nicht einmal zusammen die Größe eines Schutzbezirkes hatten; die Waldungen blieben bei derselben Oberförsterei, Umtrieb und Betrieb wurden ebenfalls nicht geändert.

ist überhaupt „grünes Standrecht?" —, aber wir müssen uns doch hüten, auch nur durch den Schein den Verdacht zu erwecken, als wäre uns nur der Wald als solcher am Herzen gelegen, und als ob wir über seiner Blüthe alle sonstigen noch so sehr berechtigten Interessen vergessen könnten. — Wenn z. B. Urich von der Gemeindewaldwirthschaft als von einer an die Slcaven= ketten kleinlicher Kirchthumsinteressen geschmiedeten spricht, so wird das wohl von vielen Seiten als Uebertreibung angesehen werden, denn in allen deutschen Staaten, wo das System der Beförsterung herrscht, und wo man nicht von Seite der Staats= gewalt schwach genug war, — auch in der Pfalz war man es vor vielen Jahren — egoistischen Begehren in Beziehung auf Aus= dehnung der Streunutzung nachzugeben, ist die Wirthschaft in den Gemeindewaldungen einen ebenso gute wie in den Staats= waldungen, und wenn man auch in den großen, geschlossenen Staats- und manchen Privatwaldungen in der oder jener Bezie= hung andere Grundsätze befolgt, so ist doch auch und vielleicht gerade deswegen — Produktion verschiedenartiger Holzsortimente, Rinde ꝛc. — die Wirthschaft im Kleinen berechtigt. Das höchste Ziel der Gesammtbodenwirthschaft eines Landes kann doch kein anderes sein, als mit dem geringsten Kraftaufwand die höchsten Werthe zu erzeugen und sollte dazu denn nicht auch ein auf die Produktion von den verschiedenartigsten, vielleicht sogar haupt= sächlich kleinen Nutzholzsortimenten gerichteter Mittelwaldbetrieb, ein Stangenholzbetrieb, ein rationeller Schälwaldbetrieb ꝛc. dienen? — Gerade die freie Forstwirthschaft muß die Schablone der für alle Verhältnisse besten Betriebsart, des Normalwaldes unter allen Bedingungen verlassen, und eine gut geleitete Ge= meindewaldwirthschaft kann sehr wesentlich dazu beitragen, die Standortswirthschaft mehr und mehr zu verbreiten. Auch ich bin keiner von den Schwärmern, welche von der Liebe zum Walde für die Schonung desselben viel erwarten, auch mir ist ein gutes Gesetz, und eine energische Handhabung desselben lieber, als die durch den menschlichen Eigennutz in den Hintergrund gedrängte Anhänglichkeit an den Wald; aber außer aller Berechnung, ohne alle Beachtung dürfen wir doch die Thatsache nicht lassen, daß die meisten waldbesitzenden Gemeinden jederzeit bereit sind, reichliche Kultur- und Verbesserungmittel für ihre Waldungen zu gewähren.

Die Abtretung von Wald an berechtigte Gemeinden unter den in allen Resolutionen hervorgehobenen Beschränkungen wäre nur dann ganz und gar zu verwerfen, wenn von derselben keine staatswirthschaftlichen Vortheile, wohl aber forstwirthschaftliche Nachtheile zu erwarten wären; sind zwar die von Urich aufgezählten Vortheile nicht zu hoffen, wohl aber auch keine Nachtheile zu befürchten, so ist die beschränkte Abtretung von Waldland an Gemeinden schon gerechtfertigt. — Man braucht kein Freund der etwas zu oft betonten Waldtheilerei zu sein, man kann eine von gewisser Seite verlangte prinzipielle Waldtheilung zwischen Berechtigtem und Belastetem aus staats- und forstwirthschaftlichen Gründen vollständig verwerfen, und dennoch nicht so ganz der Ansicht vom Referenten sein, der eigentlich jede Art der Waldabtretung verwirft, oder sie wenigstens ganz und gar und unter allen Umständen in das Belieben des Belasteten stellt. — Ich habe die Waldabtretung zuerst behandelt, weil hier der Schwerpunkt der Ablösungsfrage liegt, und weil die Ansichten bezüglich der Räthlichkeit und Nützlichkeit, ja sogar der Zulässigkeit der Waldabfindung am meisten auseinandergehen.

Bezüglich der Abfindung mit landwirthschaftlichem

Gelände oder Theilen von belastetem Walde, welche zum Feldbau ständig benutzt werden können, gehen die Anträge nicht so weit auseinander und eine Uebereinstimmung dürfte sich hier leicht erzielen lassen.

Der Referent Urich will den Belasteten nur dann in dem einen Falle zur Abfindung von wirthschaftlich gelegenen Feld-, Wiesen- und Waldstücken zwingen, wenn derselbe brennholzberechtigten Gemeinden einen für den conservativen Nachhaltsbetrieb, — das Beiwort „conservativ" ist hier eigentlich zuviel, da jeder nachhaltige Betrieb conservativ ist, — genügend großen Waldcomplex zutheilen kann, aber vorzieht passendes Gelände in anderer Kulturart anzubieten. Der Correferent Bernhardt stellt es ebenfalls dem Pflichtigen anheim, ob er zum Bezug von Holz berechtigten Gemeinden oder Genossenschaften Grundstücke in anderer Kulturart an Stelle von Forst-Grundstücken gewähren will.

Im Antrag 3 stellt jedoch Bernhardt die Abfindung in solchem Grund und Boden, welcher zur Benutzung als Acker oder Wiese geeignet ist als Regel hin, wenn:

a) bei Berechtigungen von Gemeinden zum Bezug von Holz die Erhaltung und forstwirthschaftliche Benutzung der abzutretenden Grundstücke durch das Gesetz nicht sicher gestellt ist;

b) bei Abfindung aller Holzberechtigungen, welche einzelnen Grundbesitzern zustehen, sowie aller Berechtigungen auf Waldnebennutzungen mit Ausnahme von Streu und Mast. —

Danckelmann stellt das landwirthschaftliche Kulturland an die Spitze seiner Ablösungsmittel und unterscheidet dann zwischen „Landabfindung überhaupt" und Abfindung in „landwirthschaftlichem Kulturland". Er schränkt jedoch die Landabfindung und die Abfindung in landwirthschaftlichem Kulturlande wieder wesentlich ein, wie aus seinen Anträgen zu ersehen. Mit Urich und Bernhardt will er dem Belasteten gestatten, auch auf Holz berechtigten Gemeinden Kulturland anstatt Wald zu geben. Baur führt zwar unter seinen Abfindungsmitteln auch landwirthschaftliches Gelände an, zwingt jedoch den Belasteten nicht, es in diesem oder jenem Falle zu geben, sagt im Gegentheil: „im Einverständniß beider Interessenten kann statt Wald auch landwirthschaftliches Gelände abgetreten werden".

Wenn man von dem schon erwähnten Grundsatze bezüglich der Motive einer zwangsweisen Servitutenablösung ausgeht, und die wirthschaftliche Lage des Berechtigten durch die Ablösung möglichst wenig verändern will, so müßte ihm als Aequivalent für die Aufgabe seines Rechtes ein Gut gegeben werden, womit er sich die Produkte verschaffen kann, welche ihm durch die Ablösung verloren gehen; in der Regel wird er dies nur mit Wald oder Geld thun können. Eine zwangsweise Abfindung mit Land ist also nicht gerechtfertigt, da sich der Holzberechtigte weder sein Holz, noch der auf Nebennutzungen Berechtigte diese verschiedenartigen Nutzungen auf dem Felde oder der Wiese selbst erzeugen kann; nur höchstens bei Gras- und Streuberechtigungen kann von einem Ersatz durch die Produkte des Feldbaues die Rede sein; aber auch in diesem Falle ist ein Zwang zur Abfindung mit Land nicht nothwendig oder auch nur zweckmäßig, da sich ja der Berechtigte für das Ablösungskapital Feld oder Wiesen, die ja immer und überall käuflich zu haben sind, zu jeder Zeit und dort erwerben kann, wo und wie es für ihn am vortheilhaftesten ist.

Die zwangsweise Abfindung mit Theilen des belasteten Waldes, welche zu irgend einer Art von landwirthschaftlicher

Benutzung geeignet sind, oder von landwirthschaftlichem Gelände überhaupt, hat für den Belasteten verschiedene Nachtheile und für den Berechtigten in der Regel keine größeren Vortheile als die Geldabfindung. Danckelmann, welcher die Landabfindung am ausführlichsten behandelt, hat zwar den Waldeigenthümer durch verschiedene Klauseln sicher gestellt, daß er nicht Theile seines Waldes selbst dann abschneiden muß, wenn er dadurch Schaden erleidet, allein die Auslegung von dergleichen Bestimmungen ist immer mehr oder minder dem subjectiven Ermessen von Sachverständigen unterworfen. Ein nicht nur den Waldeigenthümer treffender, sondern ein volkswirthschaftlicher Nachtheil ist es, wenn Waldland abgetreten und gerodet wird, welches zwar nicht absoluter aber doch wenigstens bedingter Waldboden, d. h. also Boden ist, welcher je nach den Preisverhältnissen der land- und forstwirthschaftlichen Producte bald als Feld, bald als Wald einen höheren Bodenreinertrag liefert*). Dergleichen mineralisches nicht sehr kräftiges Ackerland sinkt nicht selten in seiner Ertragsfähigkeit, wenn die von der Waldvegetation noch im Boden aufgespeicherten organischen Bestandtheile verbraucht sind, und bleibt dann entweder öd liegen oder der Besitzer macht Ansprüche an den Wald, um sein Streubedürfniß zu decken. Die preußische Gesetzgebung hat mit dergleichen Waldabfindungen schlechte Erfahrungen gemacht, wie ja auch Danckelmann und Bernhardt bestätigen**).

---

*) Daß es solchen Boden giebt, davon liefert die Praxis der Bodenproduktion gerade in neuerer Zeit sehr viele Beispiele, denn die aufgeforsteten geringern, namentlich Außenfelder rentiren eben bei den gestiegenen Arbeitslöhnen und den gefallenen Getreidepreisen nicht mehr so gut, wie z. B. Schälwald oder auch Kiefernwald.

**) Ueber diese in Preußen gemachten Erfahrungen lese auch von Hagen die forstlichen Verhältnisse Preußens Seite 8.

Ob die von Danckelmann vorgeschlagene Bestimmung: „die Abfindung in landwirthschaftlichem Kulturlande braucht von dem belasteten Walde nur dann gegeben zu werden, wenn die einzurichtende landwirthschaftliche Benutzung nach Abrechnung aller Kulturkosten und Verluste, welche die Aenderung der Kulturart herbeiführt, nachhaltig einen höheren Bodenreinertrag liefert, als die fortgesetzte forstliche Benutzung", wage ich nicht zu entscheiden. Die ferner von Danckelmann in Vorschlag gebrachte Bestimmung, daß die hiebsunreifen Bestände nach ihrem wirthschaftlichen Werthe übernommen werden müssen, ist zwar durchaus gerechtfertigt, kann aber dennoch den Belasteten schwer schädigen, da wir, abgesehen von den Schwierigkeiten der Festsetzung des Zinsfußes, keine sichern Zahlen über den zukünftigen Werth und Preiszuwachs haben. —

Nach meiner Ansicht ist es für beide Theile besser die Abtretung von landwirthschaftlichem Gelände oder von Waldstücken, welche zum landwithschaftlichen Betriebe geeignet sind, durchaus, wie auch Baur will, dem gegenseitigen Einverständniß beider Interessenten zu überlassen. —

Bezüglich des Modus der Geldabfindung hat nur Baur eine Besonderheit, indem er eine mit Rücksicht auf steigende und fallende Holzpreise wechselnde Geldrente in Vorschlag bringt. Gegen diese veränderliche Geldrente hat nur Danckelmann Bedenken erhoben. Es ist nicht in Abrede zu stellen, daß diese veränderliche Geldrente, die sich jeder Zeit an die Holzpreise anschließt, wie Baur sagt, sehr viel für sich hat, denn sie würde ja gerade einem Hauptbedenken der Geldablösung, dem stetig sinkenden Geldwerthe, der immer weniger Produkte um denselben Preis zu kaufen erlaubt, vorbeugen. — Da übrigens Danckelmann gegen eine zeitlich, alle 20—30 Jahre zu regulirende Geldrente nichts einzuwenden hatte, und Baur sich damit einverstanden erklärte, so ist über diesen Punkt sehr leicht eine Fassung zu erzielen, welcher man allerseits beitreten kann. —

Eine andere sehr wichtige Frage ist, wie schon am Eingange bemerkt wurde, die Art und Weise der Berechnung des Kapitalwerthes desjenigen Objektes, welches als Ausgleich für die Aufgabe des Servitutes hingegeben wird. Im Princip besteht über diese Frage Einigkeit, und nur über den anzuwendenden Zinsfuß hat Danckelmann Vorschläge gemacht, welche von denen der übrigen Antragsteller verschieden sind. Urich und Baur wollen den rentekosten freien Jahreswerth der Berechtigung mit dem für sichere Geldanlagen bestehenden landesüblichen Zinsfuß kapitalisirt wissen. Bernhardt will eine Abfindung in fester Geldrente, welche dem rentekosten freien Jahreswerthe der Berechtigung gleich ist. Ueber die Kapitalisirung der Rente, welche dem Berechtigten doch zugestanden werden muß, sagt Bernhardt nichts, da er jedoch die Forderung aufstellt, daß die als Abfindung abzutretenden Grundstücke einen Kapitalwerth haben müssen, welcher dem 20fachen Jahreswerth der Berechtigung gleich kommt, so darf wohl angenommen werden, daß er die Rente ebenso kapitalisirt haben will. —

Danckelmann will bei der Kapitalisirung der Nutzwerthermittelung der Berechtigung einen eigenen Zinsfuß, den er als Berechtigungszinsfuß bezeichnet angewendet wissen. Dieser Zinsfuß ist durch sachverständiges Gutachten mit Rücksicht auf die Art der Servitutennutzung und deren steigenden oder abnehmenden Werth für das berechtigte Grundstück festzustellen. Dieser Berechtigungszinsfuß muß den Waldzinsfuß und kann den Geldzinsfuß übersteigen.

Der Kapitalwerth des Abfindungslandes ergiebt sich nach Danckelmann aus der von demselben bei Unterstellung der vortheilhaftesten Bewirthschaftungsart zu erwartenden jährlichen oder periodischen Geldreinerträge nach dem durch Sachverständige fest zu stellenden Wirthschaftszinsfuß (Landwirthschaftlichem oder Waldzinsfuße) mit Anrechnung voller Zinseszinsen. —

Die in neuerer Zeit in Hannover aufgetretene Forderung bei Waldabfindung, — und diese wird bei holzberechtigten Gemeinden als Regel aufgestellt — die in Wald zu gewährende Abfindung nicht nach deren Kapitalwerth, sondern nach dem der Berechtigung gleichkommenden Ertragswerthe zu bemessen, also dem Berechtigten einen Wald von der Größe abzutreten, der nachhaltig die seitherigen Nutzungsbezüge liefern kann, wurde von allen Rednern entschieden bekämpft.*)

Bei Anwendung eines solchen den Waldeigenthümer in hohem Grade benachtheiligenden Ablösungsverfahrens würde jeder Belastete vorziehen, die Berechtigung mit allen ihren Nachtheilen zu behalten. Da ich neue Gründe für die Unzulässigkeit eines solchen Verfahrens nicht beibringen kann, und eine in dieser Art bemessene Abfindung auch in keinem Gesetze statuirt wurde, so glaube ich nicht weiter darauf eingehen zu müssen. —

Zu dieser Frage und der Frage des Zinsfußes hat auch Dr. Baur im Mai-Heft der Monatsschrift für das Forst- und Jagdwesen einen sehr schätzenswerthen Beitrag geliefert, und stehe ich im Allgemeinen auf seinem Standpunkte, obwol ich nicht verkenne, daß der Berechtigungszinsfuß von Danckelmann

---

*) Die Waldservitute, deren Entstehung, Beseitigung ꝛc. von F. Stutzen, Hameln bei A. Brecht 1877, sodann: die Gesetzgebung der Provinz Hannover über Ablösung ꝛc. den Mitgliedern des d. Forstvereins von den Berechtigten der Provinz Hannover, Hameln 1877.

manches bestechende hat, insofern er sich dem voraussichtlichen Steigen oder Fallen des Werthes der Waldnutzungen anschmiegen will. — Ich kann jedoch nicht unterlassen meine Befürchtung auszusprechen, daß uns derartige complicirte Vorschläge, die die Laien in den gesetzgebenden Versammlungen nur schwer oder meistens garnicht begreifen, um so weniger zum Ziele führen, als sie im concreten Falle dem Gutachten von Sachverständigen, das häufig nur auf dem Tasten und Fühlen, nicht aber auf dem mathematischen Beweise beruht, zuviel anheim geben müssen.

Es scheint mir überhaupt, daß Urich das Richtige getroffen hat, wenn er sagt: „den Ständekammern wird die Lösung dieser rein finanziellen Aufgabe und die Entscheidung anheim zu stellen sein, ob die Servitut-Rente mit 4, 4½ oder 5 % zu capitalisiren sein möchte? —

Bei Feststellung des Ablösungszinsfußes in den gesetzgebenden Versammlungen werden auch ohnedieß noch verschiedene andere Rücksichten, wie z. B. der Zinsfuß bei früheren Ablösungen von Grundlasten, Zehnten ꝛc. in Betracht gezogen werden. —

II.
Wie weit soll sich der Einfluß des Staates auf die Bewirthschaftung der Privatwaldungen erstrecken?

Nach der Fassung dieser Frage ist anzunehmen, daß es sich nur um die Maßregeln handelt, welche der Staat in seiner Eigenschaft als Förderer der ganzen Landeskultur zu ergreifen hat, um die Privatforstwirthschaft zu heben, und um die Produktion auf die höchste Stufe zu bringen. — Es dürfte sich hier nur um ähnliche Maßnahmen handeln, wie sie der Staat in Anwendung bringt, um die Landwirthschaft zu fördern. Bevor man jedoch an die Beantwortung dieser Frage geht, ist das Objekt fest zu stellen, auf welches sich der Einfluß des Staates erstecken soll. Um dies begrenzen zu können, ist es nothwendig, kurz die schon so oft behandelte, aber noch in keinem Lande endgültig und zweckmäßig gelöste Frage zu berühren: Wie weit geht die Berechtigung und Verpflichtung des Staats in Beaufsichtigung der Privatwaldungen. Die Privatwaldungen nämlich welche in Folge gesetzlicher Bestimmungen beaufsichtigt werden müssen, weil deren Erhaltung zur Erreichung des Staatszweckes nothwendig ist, können hier ganz außer Frage bleiben, da theils ihre Behandlung eine andere, ganz dem Zwecke des Schutzwaldes gemäße sein muß, theils weil die Staatsgewalt den Besitzern solcher Waldungen gegenüber Zwangsmaßregeln haben muß, und sich hier nicht auf Belehrung, Unterstützung ꝛc. beschränken kann.

Die Frage über das Maß der Berechtigung und Verpflichtung des Staates in Beaufsichtigung der Privatwaldungen wurde schon 1844 bei der Versammlung deutscher Land- und Forstwirthe zu München, und auch bei späteren Forstversammlungen, z. B. 1849, 50 und 56 kurz behandelt, jedoch so ziemlich immer ohne Resultat. Im Jahre 1868 hat auch der zehnte Congreß deutscher Volkswirthe zu Breslau dieselbe Frage: „Staatsaufsicht über die Waldwirthschaft" verhandelt, und im Jahre darauf die Versammlung deutscher Forstwirthe zu Aschaffenburg. Die Resolutionen bei den Versammlungen stehen sich so ziemlich diametral gegenüber, was auch leicht zu begreifen ist, wenn man die Zusammensetzung beider Versammlungen berücksichtigt. — Auch in der Literatur wurde die Frage der Staatsoberaufsicht über die Privatwaldungen, der Ausübung des Forsthoheitsrechtes theils von Forstwirthen, theils von Nationalökonomen mehr oder minder ausführlich behandelt, und doch herrscht nur in einigen Punkten Uebereinstimmung der Ansichten. —

Das Recht der Staatsgewalt gesetzliche Vorschriften zur Erhaltung der Waldungen zu geben, insoweit dieselbe zur Erreichung des Staatszweckes, im Kulturinteresse des Ganzen, nothwendig erscheint, ist noch niemals und von keiner Seite bestritten worden, und ist in der Gesammtaufgabe des Staates begründet. —

Die **Pflicht** des Staates in Beziehung auf die Ueberwachung nicht bloß der Erhaltung, sondern sogar der Wirthschaft der Privatwaldungen wurde von jeher sehr verschiedenartig aufgefaßt, und auch in den Gesetzgebungen der verschiedenen Länder zum Ausdruck gebracht. —

Am weitesten bezüglich dieser Pflicht gehen diejenigen, welche verlangen, daß der Staat sämmtliche Privatwaldungen durch seine Beamte sogar in Beziehung auf die Führung einer nachhaltigen Wirthschaft nach einem genehmigten Wirthschaftsplane überwache; es ist dies eine vollständige Bevormundung. — Am engsten begrenzen diejenigen die Pflicht der Staatsgewalt, welche ihr nur das Verbot der Rodung und der Devastation derjenigen Waldungen zugestehen, welche unter den gesetzlich festgestellten Begriff des Schutzwaldes fallen. In Ländern mit einer solchen Gesetzgebung ist es eigentlich, wo der Staat seinen Einfluß auf die Bewirthschaftung möglichst ausdehnen muß. Weit gefaßt oder eng begrenzt wird die Pflicht des Staates je nachdem man auf die Verhütung von Gefahren, welche dem allgemeinen Wohl drohen oder drohen könnten mehr Gewicht legt, oder auf die Freiheit des Privateigenthums mehr Rücksicht nimmt. — Die Neuzeit neigt sich mit Recht wieder mehr und mehr der Anschauung zu, daß der Staat als Wächter über die Wohlfahrt aller auch verpflichtet sei, den Mißbrauch des Privateigenthums zum Schaden der Gesammtheit zu verhüten.

In Beziehung auf den Wald namentlich geht die Meinung beinahe aller Autoritäten dahin, daß der Staat unbedingt wenigstens die Erhaltung aller der Waldungen durch gesetzliche Maßregeln erzwingen müsse, deren Vernichtung in irgend einer Beziehung die Gesammtwohlfahrt benachtheiligen könnte. Begrenzt ist dieses Maß einerseits durch die Pflicht für die Erhaltung aller der Waldungen zu sorgen, welche in irgend einer Beziehung unter den Begriff des Schutzwaldes fallen, anderseits durch die Rücksicht auf das Princip der Freiheit des Privateigenthums, welches nicht mehr beschränkt werden darf als die Staatszwecke fordern.

Gehen wir bei Behandlung der vorliegenden Frage von diesem Principe aus, so wird sich der Einfluß des Staates auf die Bewirthschaftung aller derjenigen Privatwaldungen erstrecken, welche nicht in die Klasse der Schutzwaldungen gehören, in welchen ja die Staatsgewalt nicht mehr blos ihren Einfluß geltend machen, sondern deren Bewirthschaftung sie überwachen soll, in deren Betrieb sie unter Umständen sogar eingreifen muß. Natürlich kann und soll der Staat seinen Einfluß auch auf die Bewirthschaftung der andern Waldungen des Landes ausdehnen; in dieser Abhandlung sollen jedoch vor allen die oben genannten Waldungen in Betracht gezogen werden.

Die verschiedenen Formen, unter welchen sich der Einfluß des Staates auf die Privatwaldwirthschaft äußert, können folgende sein:

1) Bildung, resp. Begünstigung der Bildung von Waldgenossenschaften.

2) Errichtung von Schulen zur Heranbildung der für den Privatforstbetrieb nothwendigen Forstbeamten.

3) Aufstellung von eigenen Forstbeamten zur Leitung der Privatforstwirthschaft; Verbreitung von richtigen Kenntnissen über den Wald, seine Bewirthschaftung 2c.

4) Wohlfeile Abgabe von gutem Pflanzmaterial aller Art, und Bezeichnung von guten Bezugsquellen für Samen und Pflanzen.

5) Verbreitung von forstlichen Kenntnissen durch Vorträge, geeignete populär gehaltene Schriften, Lehrstunden an landwirthschaftlichen Schulen 2c., Prämien für gute Waldpflege 2c. —

6) Gutes Beispiel, durch rationelle Bewirthschaftung seiner Waldungen.

ad 1) Es ist eine in der Natur des Forstbetriebes liegende Erscheinung, daß der kleine zersplitterte Waldbesitz eine große Menge Uebelstände hat die nur durch Bildung von größern Betriebsgemeinschaften aufgehoben werden können.

Die Wirthschaftsformen reihen sich bezüglich ihrer Zweckmäßigkeit für den Privatforstbesitz, b. h. für den kleinen Betrieb wie folgt aneinander, und kann im Allgemeinen überhaupt als Grundsatz aufgestellt werden: je mehr sich der Forstbetrieb dem landwirthschaftlichen Betriebe nähert um so besser eignet er sich für den kleinen Besitz. —

1) Korbweidenwirthschaft und Kopfholzzucht.
2) Niederwaldbetrieb und Eichenschälwaldbetrieb.
3) Mittelwaldbetrieb.
4) Die Plänter und Fehmelwaldformen.
5) Hochwald in seinen verschiedenen Formen vom Stangenholz bis zum Ueberhaltbetrieb.

Ob der Staat durch gesetzliche Bestimmungen Waldgenossenschaften auf dem Wege des Zwanges — Majoritätszwang — ins Leben rufen soll, darüber sind die Ansichten noch getheilt jedenfalls dürfte der Zwang nur bei Schutzwaldungen gerechtfertigt sein, und wir können diese Frage daher hier ganz aus dem Spiele lassen. — Der Staat kann also die Bildung von Waldgenossenschaften nur durch Belehrung begünstigen, wol auch seinen Beamten erlauben, daß sie die Wirthschaftspläne für dergleichen Genossenschaften herstellen, und die Ausführung der Wirthschaft überwachen, wenn es der Umfang ihrer dienstlichen Obliegenheiten zulässig erscheinen läßt. Bei den Wirthschaftsformen sub 1 und 2 sind Waldgenossenschaften nicht erforderlich, und auch der Mittelwaldbetrieb, — der ja sehr verschieden sein kann je nachdem das Unter- oder Oberholz vorherrscht und je nach der Höhe des Umtriebes —, kann in der Ebene und auf isolirt im Felde liegenden Parzellen, auf kleinen Flächen betrieben werden. Die Zweckmäßigkeit der Bildung von Waldgenossenschaften tritt also um so mehr hervor, sobald es sich um die Betriebsformen sub 4 und 5, und wenn es sich um Wal= bungen im Mittelgebirge oder gar Hochgebirge handelt.

Im Allgemeinen dürften bezüglich der Schwierigkeit der Erhaltung der Privatwaldungen in gutem Zustande, und also der Nothwendigkeit der Ueberwachung des Betriebes und der Pflege derselben folgende Erwägungen maßgebend sein, und darnach auch die Aufgabe der Staatsgewalt als oberste Forst= polizeibehörde bemessen werden.

Der Ausschlagwald — Niederwald in allen seinen Formen — ist die forstlich einfachste Betriebsart, und erfordert die we= nigsten forstlich=technischen Kenntnisse. Hat diese Betriebsart die Zucht von Weiden im Auge, so liefert sie schon in 3—5 Jahren sehr gut bezahltes Material zu Flechtwaaren aller Art. Anlage, Behandlung und Benutzung sind sehr einfach und ist eigentlich der Begriff „Wald" auf dergleichen Weidenkulturen kaum mehr anwendbar.

Am nächsten kommt der Weidenkultur der auf die Ge= winnung von Eichenlohrinde gerichtete Eichenschälwaldbetrieb, der nicht selten nur Umtriebe von 10—12, in der Regel — d. h. namentlich bei Staats= und Gemeindewaldbesitz — aber von 15—20 Jahren hat. Der Schälwaldbetrieb erfordert schon etwas mehr technische Kenntnisse in Beziehung auf Verjüngung und Pflege, jedoch ist derselbe immerhin noch eine einfache Be= triebsart, und für den kleinen Besitz um so mehr geeignet, als er auch auf ganz kleinen Flächen noch betrieben werden kann, wenn auch nicht mit dem Vortheil — bezüglich des Rinden= und Holzabsatzes — wie auf größeren. Der Schälwaldbetrieb erfordert zu seinem Gedeihen nicht große zusammenhängende Waldflächen wie z. B. der Hochwald; er bedarf nicht der „Wald= luft", sondern zu seinem besten Gedeihen eines warmen, sonnigen

Klimas, denn er liefert die beste, gerbstoffreichste Rinde in Gegenden, wo der Wein gedeiht, z. B. Rhein, Mosel, Nahe, Lahn, Glan und Alsenzthal ꝛc. — Etwas höhere Umtriebszeiten fordert schon der nur auf Gewinnung von Brennholz gerichtete Niederwaldbetrieb mit Bestockung von Buchen, Hainbuchen, Eichen, Ahorn und allen für das Klima und den Boden passenden Straucharten.

Jede Form des Ausschlagwaldes regenerirt sich durch den Wiederausschlag des Stockes nach dem Abtrieb oder seltener auch noch durch Austrieb von Wurzelbrut. Die Dauer der Ausschlagfähigkeit der Stöcke ist zwar je nach den Holzarten sehr verschieden, jedoch bei den meisten ziemlich andauernd und wenigstens so stark, daß Niederwaldflächen nicht so schnell und so leicht zu Oedungen herabsinken, wie Hochwaldflächen. Die Aufgabe der Förderung der Waldkultur und Waldpflege ist also bei den Ausschlagwaldformen jedenfalls eine leichtere und rascher zum Ziele führende als bei den Samenwaldformen — Hochwald, Plänter und Fehmelwald — und dieß um so mehr, als die ersteren Formen nicht oder weniger im Gebirge, in Schutzwaldlagen ꝛc., sondern mehr in der Ebene, im Hügellande, isolirt zwischen landwirthschaftlichen Grundstücken ꝛc. vorkommen.

Wenn der Niederwald außer dem Brennholz auch noch stärkeres, werthvolleres Nutzholz liefern soll, so pflanzt er Samenlohden ein, und läßt sie 2, 3, 4 auch 5 Umtriebe alt werden, so daß sie bei 20jährigem Umtriebe des Unterholzes ein Alter von 40, 60, 80 und 100 Jahren erreichen. Ein solcher Mittelwald nun — Kombination zwischen Samenhochwald und Stockausschlagwald — fordert zum erfolgreichen Betrieb schon größere, zusammenhängende Flächen, forstlich=tech=

nische Kenntnisse zur rationellen Bewirthschaftung und Ausbeutung und ein längeres Zuwarten bis zum Eingang der Gesammtnutzung. Diese leider nicht mehr so häufige Betriebsart findet sich schon nicht mehr bloß im Flach- und Hügellande, sondern hat wenigstens früher auch die Vorberge unserer Mittel- und Hochgebirge eingenommen. Das volkswirthschaftliche Produktionsinteresse und die Walderhaltung sprechen bei dieser Betriebsart schon mehr für den Großbetrieb. Diese Betriebsart genügt auch in vollkommenster Weise den Ansprüchen, welche man an den Wald bezüglich der Erfüllung seiner höheren, allgemeinen Aufgaben machen muß. Wo sie in größerer Ausdehnung vorkommt, und verschiedene kleine Besitzer Antheil an einem Waldkomplexe haben, da wäre die genossenschaftliche Vereinigung sehr zu fördern.

Der Hochwald, der Fehmel- und Plänterwald mit ihren verschiedenen Formen und Uebergängen müssen mit Umtrieben von 60—100 ja 140 Jahren rechnen; abgesehen von Stangenholzbetrieben mit noch kürzeren Umtrieben, welche jedoch in den großen Waldmassen selten sind. Das volkswirthschaftliche Produktionsinteresse spricht hier ganz entschieden für den Großbetrieb, denn ein rationeller Hochwaldbetrieb auf kleinen, zersplitterten Waldparzellen oder auf einem größeren Waldcomplexe mit vielen kleinen Eigenthümern läßt sich gar nicht denken. Diese Betriebsformen verlangen einen technisch-geleiteten intensiven Kultur- und Wirthschaftsbetrieb in großen, geschlossenen, zu einem Wirthschaftsganzen vereinigten Waldkomplexen. Die Staatsgewalt hat um so mehr Veranlassung die Bildung von Waldgenossenschaften auf jede Art zu fördern und zu begünstigen, je mehr kleine Privatwaldungen dieser Art vorhanden sind. Doppelte Vorsicht ist aber nothwendig, wenn diese Waldungen auf absolutem Waldboden stocken, der bei unvorsichtiger Wirthschaft, starker Streunutzung, Ueberhauungen ohne darauf folgenden raschen Wiederanbau ꝛc. so leicht und rasch zur Oedung wird. In einem nicht kleinen Theil unserer Privatwaldungen — der absolute Waldboden der Sandebenen, namentlich Norddeutschlands, der Mittel- und Hochgebirge — ist diese Betriebsform eingeführt, und hat sehr häufig auch nur diese allein Berechtigung. Der unvorsichtige Abtrieb eines Theiles einer Bergwand kann hier dem Sturmwind Eingang verschaffen, und die Nachbarn durch Windwurf und nachfolgenden Insektenschaden schwer schädigen; nur die geschlossene Wirthschaft in einer Hand kann hier den vielen Uebelständen des kleinen Privatbesitzes vorbeugen; hier ist dem Einflusse des Staates eine lohnende und wichtige Aufgabe zugetheilt.

ad 2. Die Errichtung von Schulen, welche nur für die Heranbildung von Privatforstbetriebsbeamten bestimmt sind, ist natürlich nur in großen Ländern mit bedeutendem Privatwaldbesitz — z. B. Oesterreich, namentlich Böhmen und Mähren, möglich, und dies um so mehr, als gerade der Privatwaldbesitz Beamte von verschiedener Ausbildung nothwendig hat. — Besitzer von sehr großen Waldungen, wie sie z. B. in Ländern mit großen Majoraten vorkommen, haben Betriebs- und Inspektionsbeamte von derselben höchsten Ausbildungsstufe nothwendig wie der Staat, jedoch kann es bei einem nicht zu ausgedehntem Waldbesitze schon genügen, und sogar zweckmäßiger sein, wenn nur der leitende und inspicirende Beamte — Oberförster, Forstverwalter, Forstmeister oder gar Forstrath genannt — wissenschaftlich-technisch gebildet ist, während die ausführenden Beamten nur auf Mittelschulen ihre technische Bildung zu empfangen oder auch nur in der Lehre praktisch geschult zu sein brauchen. — Der Privatwaldbesitz von der Größe, daß sich die Aufstellung eines auf der Hochschule oder Akademie wissenschaftlich gebildeten Mannes nicht mehr lohnt, wird wieder nur einen auf einer Mittelschule gebildeten Techniker anstellen, und bei noch kleinerem Waldbesitze sich auch wohl mit einem geschulten Förster oder Waldaufseher begnügen. — Wir sehen also, wie so sehr verschieden die Ansprüche der verschiedenen Privatwaldbesitzer an die Kenntnisse der für sie nothwendigen Beamten sind, und wie schwer also die Errichtung von Schulen für solche ist. Die Ausbildung von Privatforstbeamten mit vollständigen, wissenschaftlichen Studien kann und muß eine gleiche mit den Staatsforstbeamten sein, wenn das Oberförstersystem eingeführt ist. Für die nur ausführenden unter der Leitung eines Direktions- und Inspektionsbeamten stehenden Revierförster mit kleinen Verwaltungsbezirken genügt eine vollständige technische Bildung, welche eine gute Mittelschule mit 2 jähriger Studienzeit nach vorausgegangener Realschul-Vorbildung giebt. Forstliche Mittelschulen dieser Art sind z. B. in Böhmen und Mähren, — Weißwasser, — sodann dürfte noch Eisenach und auch die neu organisirte Forstlehranstalt in Aschaffenburg für diesen Zweck dienlich sein. Zwei, höchstens drei dergleichen Schulen dürften für Deutschland genügend sein. — Für einen Privatforstbesitz von der Größe, daß unter dem wissenschaftlich gebildeten Techniker nur mehr gelernte Förster oder Waldaufseher zur Verwendung kommen können, oder wenn derselbe so klein ist, daß der Schutz und die Ausführung des vom Eigenthümer geleiteten oder von einem benachbarten Staatsoberförster ꝛc. überwachten Betriebes in einer Person vereinigt sein muß, bedarf es keiner besondern Schulen, wenn sie nicht schon für die Ausbildung des Schutz- und Hilfspersonals für den

Staatsdienst bestehen. Wo große Nachfrage nach dergleichen Privatförstern ist, dürfte es übrigens zweckmäßig sein, praktische Waldbauschulen zu errichten, in die jeder mit der gewöhnlichen Volksschulbildung eintreten kann. Der ganze Bildungs= und Unterrichtsgang für den Privatforstdienst muß übrigens dem Bedürfniß des Landes angepaßt sein, und sich an die Einrich= tungen für den Staatsdienst anschließen.

ad 3. Die Aufstellung von eigenen Forstbeamten — ähnlich wie in Oesterreich — zur Ueberwachung und Leitung der Privatforstwirthschaft muß auf einem vollständigen Organi= sationsplane beruhen, und als Grundlage ein Waldschutzgesetz haben, welches dem Staate das Recht giebt, wenigstens in allen zur Kategorie der Schutzwaldungen gehörenden Privatwaldungen den nach eigenen Wirthschaftsplänen zu regelnden Betrieb in allen seinen Theilen zu überwachen. Diese Beamte können dann auch von den übrigen Privatwaldbesitzern bezüglich ihrer Wirthschaft berathen werden, und müssen dem Rufe Folge leisten; sie haben auch bei ihren Landesbereisungen überall richtige Kennt= nisse vom Wald, seiner Bedeutung, Bewirthschaftung 2c. zu ver= breiten.

In Staaten, in welchen die Staatsforstverwaltung, als Privatbetrieb des Staates, unter dem Finanz=Ministerium steht, ist die erste Bedingung einer wirksamen Thätigkeit der Landes= kulturbehörde — Ministerium der Landwirthschaft, des In= nern —, zugleich oberste Forstpolizeibehörde, daß ihr technische Referenten beigegeben werden, und daß bei den Provinzial= behörden je nach Bedürfniß Forstinspektoren angestellt werden. Die Aufgabe der Landeskulturstelle und ihrer technischen Beamten ist es nun, den Privatforstbetrieb zu überwachen, und durch Belehrung an Ort und Stelle, populäre Vorträge 2c. in die richtigen Bahnen zu lenken, und darin zum Vortheil der Eigenthümer und des ganzen Staates zu erhalten.

ad 4. Ein sehr treffliches Förderungsmittel der Privatwaldwirthschaft ist die billige — um den Selbstkostenpreis — Abgabe von gutem Pflanzmaterial aller Art, und die Bezeichnung von guten Bezugsquellen für solches und für Samen aller Art. In den Gegenden wo Staatsforsten vorhanden sind, kann es verschiedenen Oberförstereien zur Aufgabe gemacht werden, immer einen genügenden Vorrath von in der Gegend zu verwendenden Pflanzen zu haben; wo ausgedehnter kleiner Privatforstbesitz und wenig Staatswaldungen in einer Gegend sind, kann die Pflanzenzucht nur einer der zunächst liegenden Oberförstereien übertragen werden. — Wo Waldbauschulen, Försterschulen, oder Akademien oder Forsthochschulen sind, gehört eine ausgedehnte, rationelle Pflanzenzucht schon zu den Unterrichtszwecken, und es ist natürlich, daß in diesem Falle auch Pflanzen für die Privaten erzogen werden.

ad 5. Die möglichste Verbreitung von forstlichen Kenntnissen gehört ebenfalls zu den Aufgaben des Kulturministeriums und seiner technischen Beamten. Diese Verbreitung kann durch populäre Verträge bei den kleinern Provinzialforstvereinen, bei landwirthschaftlichen Versammlungen ꝛc., sowie auch durch Lehrstunden an den landwirthschaftlichen Schulen ꝛc. ins Werk gesetzt werden. Auch für Laien leicht faßliche Abhandlungen in landwirthschaftlichen Kalendern, in kleineren und größeren Schriften ꝛc. werden allmälig ihre Wirkung nicht verfehlen. Ein anderes zur Hebung des landwirthschaftlichen Betriebes nicht selten angewendetes Mittel sind Prämien für gute Waldpflege, für gelungene Kulturen, für neue Aufforstungen.

ad 6. Wie überall und namentlich beim Landwirth das Beispiel am raschesten wirkt, so auch beim Forstbetrieb. Sieht der kleine Privatwaldbesitzer, wie die Saaten und Pflanzungen in den Staats- und Gemeindewaldungen, wohl auch in den Waldungen seines oder seiner Nachbarn gedeihen, begreift er, daß ein gut bewirthschafteter, gepflegter und geschonter Wald mehr einträgt, als eine halbe oder ganze Oedung ꝛc., so entschließt er sich auch zu Ausgaben für seinen Wald, so erwacht endlich auch in ihm der Ehrgeiz, einen wohlgepflegten Wald zu haben.

Verlagsbuchhandlung von Julius Springer in Berlin, N.,
Monbijouplatz 3.

Geschichte
des
Waldeigenthums, der Waldwirthschaft
und
Forstwissenschaft in Deutschland
von
August Bernhardt,
Königl. Preuß. Forstmeister, Lehrer an der Forstakademie zu Eberswalde.

In 3 Bänden.

Band I. Von den ältesten Zeiten bis zum Jahre 1750. Preis 8 Mk.
Band II. Die Jahre 1750—1820. Preis 9 Mk.
Band III. Die Jahre 1820—1860. Preis 9 Mk.

Lehrbuch der Forstwissenschaft.
Für Forstmänner und Waldbesitzer.
Von
Carl Fischbach,
Fürstlich Hohenzollernschem Oberforstrath.

Dritte vermehrte Auflage. Preis 10 Mk.

Fischbach's Lehrbuch ist von forstlichen Autoritäten wie auch von der Fachpresse allgemein als das beste Lehrbuch für die erste Einführung in das Gebiet der Forstwissenschaft empfohlen worden.

Anleitung zur Regelung des Forstbetriebs
nach Maßgabe der nachhaltig erreichbaren Rentabilität
und in Hinblick au die
zeitgemäße Fortbildung der forstlichen Praxis.
Von
Gust. Wagener,
Gräflich Castellschem Forstmeister.

Preis 8 Mk.

Das Werk — in erster Linie für den Gebrauch der Praktiker bestimmt — behandelt die Kernpunkte und Lebensfragen der forstlichen Technik. Es existirt in der forstlichen Literatur keine Anweisung zur Rentabilitätswirthschaft, welche so ausgedehnten und vielseitigen Erfahrungen entstammt.

(Aus diesem Werke erschien als Separat-Abdruck:)

Gedrängte Darstellung der wichtigsten und bewährtesten
Waldbauregeln nach dem heutigen Stande der forstlichen Praxis.
Preis 1 Mk.

Verlagsbuchhandlung von Julius Springer in Berlin, N.,
Monbijouplatz 3.

Chronik des Deutschen Forstwesens.

Von

August Bernhardt.

Königl. Forstmeister.

I. Jahrgang 1873—1875. Preis 1 Mk.
II. Jahrgang 1876. Preis 1 Mk.
III. Jahrgang 1877. Preis 1 Mk. 20 Pf.

Alljährlich erscheint ein Heft.

Diese forstliche Familienchronik — wie der Verfasser sie bezeichnet — soll in allen Forsthäusern Kenntniß dessen verbreiten, was in den Forstverwaltungen, in Wirthschaft und Wissenschaft geschieht, was erstrebt und erreicht wurde und was als eine Aufgabe der Zukunft im Auge zu behalten ist. Der sehr niedrig gestellte Preis soll die weiteste Verbreitung ermöglichen.

Aus forstlicher Theorie und Praxis.

Forstwissenschaftliche Abhandlungen

von

August Knorr,

Königl. Preuß. Forstmeister und Lehrer an der Forstakademie zu Münden.

I. Band. Preis 2 Mark 40 Pf.

Inhalt: 1. Die Arbeitsleistung der Natur in der Forstwirthschaft. 2. Die Natur des Kapitals in Bezug auf die Forstwirthschaft. 3. Der Waldbestand als Standortsfactor.

Der Kern der forstlichen Bestrebungen unserer Zeit in Wirthschaft und Wissenschaft soll auf Grund von reichen Erfahrungen eines langen Wald- und Katheberlebens vom Verfasser hier in einzelnen Abhandlungen, die in zwanglosen Bänden erscheinen, erörtert werden. Jeder Band ist für sich abgeschlossen und einzeln käuflich. Das Unternehmen soll allen Forstmännern warm empfohlen sein. — Ein II. Band wird in Kürze erscheinen und Aufsätze über „das Holz als Handelswaare" und über die „Preisbildung desselben" bringen, welcher sich dann die darauf beruhenden „Umtriebsbestimmungen" und „der Einfluß der Waldplagen auf Umtriebs- und Abtriebsalter" anschließen werden.

Buchdruckerei von Gustav Lange (Paul Lange), Friedrichsstraße 103.

Verlagsbuchhandlung von Julius Springer in Berlin N.,
Monbijouplatz 3.

Die
Preußischen Forst- und Jagdgesetze
mit Erläuterungen

herausgegeben

von

H. Oelschläger, und **A. Bernhardt,**

K. Geh. Justizrath u. vortragendem Rath im Justiz-Ministerium.   K. Forstmeister u. Mitglied des Hauses der Abgeordneten.

In 4 Bändchen.

I. Das Forstdiebstahlsgesetz vom 15. April 1878. Preis carton. M. 1,40.
II. Die Gesetze über die Verwaltung und Bewirthschaftung von Waldungen der Gemeinden und öffentlichen Anstalten sowie über Schutzwaldungen und Waldgenossenschaften.
III. Das Feld- und Forst-Polizei-Gesetz.
IV. Die Jagdgesetze, die gesetzl. Bestimmungen über die Widersetzlichkeit bei Forst- und Jagdvergehen und Uebertretungen und das Gesetz vom 31. März 1837 über den Waffengebrauch der Forst- und Jagdbeamten.

Jedes Bändchen ist fest cartonnirt.

Das I. Bändchen ist vor Kurzem erschienen, das II. befindet sich unter der Presse, Bd. III wird sofort nach Publikation des neuen Feld- und Forstpolizei-Gesetzes (also etwa Anfang 1879), das IV. Mitte 1879 ausgegeben.

Die 4 Bändchen werden allen Interessenten für den sehr mäßigen Preis von etwa 6 Mark eine vollständige Sammlung der preußischen Forst- und Jagdgesetze mit umfassenden Erläuterungen bieten, welche das mühsame und zeitraubende Nachschlagen in zahlreichen Gesetzen überflüssig macht. Jedes Bändchen ist auch einzeln käuflich.

MIX
Papier aus verantwortungsvollen Quellen
Paper from responsible sources
FSC® C105338

If you have any concerns about our products,
you can contact us on
ProductSafety@springernature.com

In case Publisher is established outside the EU,
the EU authorized representative is:
**Springer Nature Customer Service Center GmbH
Europaplatz 3, 69115 Heidelberg, Germany**

Printed by Libri Plureos GmbH
in Hamburg, Germany